U0247322

■ 优秀技术工人
百工百法丛书

游弋
工作法

煤矿供电系统
防晃电
设计与应用

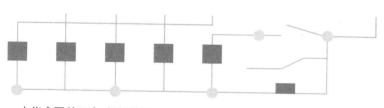

中华全国总工会 组织编写

游 弋 著

中国工人出版社

技术工人队伍是支撑中国制造、中国创造的重要力量。我国工人阶级和广大劳动群众要大力弘扬劳模精神、劳动精神、工匠精神，适应当今世界科技革命和产业变革的需要，勤学苦练、深入钻研，勇于创新、敢为人先，不断提高技术技能水平，为推动高质量发展、实施制造强国战略、全面建设社会主义现代化国家贡献智慧和力量。

——习近平致首届大国工匠
创新交流大会的贺信

优秀技术工人百工百法丛书

编委会

优秀技术工人百工百法丛书

能源化学地质卷

编委会

序

党的二十大擘画了全面建设社会主义现代化国家、全面推进中华民族伟大复兴的宏伟蓝图。要把宏伟蓝图变成美好现实，根本上要靠包括工人阶级在内的全体人民的劳动、创造、奉献，高质量发展更离不开一支高素质的技术工人队伍。

党中央高度重视弘扬工匠精神和培养大国工匠。习近平总书记专门致信祝贺首届大国工匠创新交流大会，特别强调"技术工人队伍是支撑中国制造、中国创造的重要力量"，要求工人阶级和广大劳动群众要"适应当今世界科技革命和产业变革的需要，勤学苦练、深入钻研，勇于创新、敢为人先，不断提高技术技能水平"。这些亲切关怀和殷殷厚望，激励鼓舞着亿万职工群众弘扬劳模精神、劳动精神、工匠精神，奋进新征程、建功新时代。

近年来，全国各级工会认真学习贯彻习近平总书记关于工人阶级和工会工作的重要论述，特别是关于产业工人队伍建设改革的重要指示和致首届大国工匠创新交流大会贺信的精神，进一步加大工匠技能人才的培养选树力度，叫响做实大国工匠品牌，不断提高广大职工的技术技能水平。以大国工匠为代表的一大批杰出技术工人，聚焦重大战略、重大工程、重大项目、重点产业，通过生产实践和技术创新活动，总结出先进的技能技法，产生了巨大的经济效益和社会效益。

深化群众性技术创新活动，开展先进操作

法总结、命名和推广，是《新时期产业工人队伍建设改革方案》的主要举措。为落实全国总工会党组书记处的指示和要求，中国工人出版社和各全国产业工会、地方工会合作，精心推出"优秀技术工人百工百法丛书"，在全国范围内总结100种以工匠命名的解决生产一线现场问题的先进工作法，同时运用现代信息技术手段，同步生产视频课程、线上题库、工匠专区、元宇宙工匠创新工作室等数字知识产品。这是尊重技术工人首创精神的重要体现，是工会提高职工技能素质和创新能力的有力做法，必将带动各级工会先进操作法总结、命名和推广工作形成热潮。

此次入选"优秀技术工人百工百法丛书"作者群体的工匠人才，都是全国各行各业的杰出技术工人代表。他们总结自己的技能、技法和创新方法，著书立说、宣传推广，能让更多人看到技术工人创造的经济社会价值，带动更多产业工人积极提高自身技术技能水平，更好地助力高质量发展。中小微企业对工匠人才的孵化培育能力要弱于大型企业，对技术技能的渴求更为迫切。优秀技术工人工作法的出版，以及相关数字衍生知识服务产品的推广，将对中小微企业的技术进步与快速发展起到推动作用。

当前，产业转型正日趋加快，广大职工对于技术技能水平提升的需求日益迫切。为职工群众创造更多学习最新技术技能的机会和条件，传播普及高效解决生产一线现场问题的工法、技法和创新方法，充分发挥工匠人才的"传帮带"作用，工会组织责无旁贷。希望各地工会能够总结命名推广更多大国工匠和优秀技术工人的先进工作法，培养更多适应经济结构优化和产业转型升级需求的高技能人才，为加快建设一支知识型、技术型、创新型劳动者大军发挥重要作用。

中华全国总工会兼职副主席、大国工匠

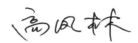

作者简介
About The
Author

游 弋

　　1970年出生，正高级工程师、高级技师，河南能源永煤集团车集煤矿机电一队电工班班长，国家级技能大师工作室——游弋工作室负责人，河南省总工会委员会委员，中国能源化学地质工会委员会委员，第十三、十四届全国人大代表。曾获得"全国劳动模范""全国五一劳动奖章""全国职工职业道德标兵""首届全国百名优秀青年矿工""全国百名感动中国的矿工""中华技能大奖""全国技术能手"等荣誉，享受国务院政府特殊津贴。

游弋先后设计完成了煤矿井下供电系统防晃电技术改造、大型交流同步电机励磁绕组拆装支架、全自动除尘装置、全自动风水综合降尘装置、限位开关故障全自动诊断系统等创新项目，为企业创造效益超亿元。他长期工作在基层一线，他主创完成的煤矿井下供电系统防晃电技术改造，解决了煤矿井下供电系统面临的晃电难题，提升了煤矿井下供电的可靠性，提高了煤矿生产安全和效率。身为企业高技能人才，他善于在工作中发现不足、解决难题，依托游弋工作室平台，努力为企业培育了一批人才尖兵，锻造出一支创新铁军，为推动煤炭行业高质量发展作出了突出贡献。

知识在学习中获取
技能在磨练中提升
创新在实践中探索

目　　录
Contents

引　言
Introduction

　　发展是第一要务，人才是第一资源，创新是第一动力。当前，我国已迈入第二个百年奋斗目标的新征程，我们比历史上任何时期都更加接近实现中华民族伟大复兴的宏伟目标，也比历史上任何时期都更加渴求人才。大兴识才、爱才、敬才、用才之风，善于在创新实践中发现人才、在创新活动中培育人才、在创新事业中凝聚人才。

　　电力系统在运行过程中，由于外部线路受到雷击、瞬时短路或其他原因造成的电网短时电压波动或短时断电后恢复，这种现象通常被称为"晃电"。煤矿企业井下供电系统的特点是规模大、风险系数高、连续生产，而短时的晃电现象将对煤矿局部通风机、安全监控系统、机电设备运转等产生不利影响，对安全生产造成巨大威胁，因此对于煤矿供电系统中的晃电现象，更应引起电力工作者的高度重视，确保矿井安全生产。如何抓住晃电恢复黄金期，实现晃电期间矿井供电系统安全可靠运行，作者与团队通过多年的理论知识积累和实践经验，对煤矿井下供电系统实施了防晃电技术改造。实践证明该防晃电技术改造切实可行、供电恢复迅速，把晃电给煤矿带来的损失降到最低，在矿井安全生产提高效率方面发挥了重要作用。

自 2017 年以来，作者在防晃电技术攻坚过程中，提出了涉及煤矿井下供电系统防晃电的理论方案及技术改造实施方案。

书中涉及的对高压开关、低压馈电开关、电磁起动器的技术改造方案具有较强的可行性，并通过了国家授权的具有相关资质检验检测部门的认证。

　　本书是技术方案的具体内容，仅供参考。

第一讲

防晃电原理概述

一、晃电的概念与类型

电力系统在运行过程中，由于外部线路受到雷击、瞬时短路或其他原因造成的电网短时电压波动或短时断电后恢复，这种现象通常被称为"晃电"。晃电一般有以下几种类型：

（1）电压骤降、骤升。持续时间 0.5 个周期至 1min，电压上升至标称电压的 110%~180%，或下降至标称电压的 10%~90%。

（2）电压闪变。电压波形包络线呈规则变化或电压幅值呈一系列的随机变化，一般表现为人眼对电压波动所引起的照明异常而产生的视觉感受。

（3）短时断电。持续时间一般小于 1.0s 的供电中断，并能自发恢复正常供电。

二、煤矿供电系统

1. 煤矿供电系统特点

煤矿供电系统是煤炭企业生产的主要动力来

源，矿井的大部分设备直接或间接地以电力为动力，一旦电力中断，生产将被迫停止。其主要特点是井上、井下系统比较复杂。井下供电的特点：井下变电所和配电点分散，供电距离长，又受巷道窄矮环境限制，电气设备和供电电缆随时都可能遭受挤、压、砸、水浸等自然恶劣环境的威胁；由于矿井相对湿度达 90% 以上，电气设备绝缘容易受潮发生接地漏电短路、人身触电等事故。电气火花容易引起矿井瓦斯和煤尘爆炸事故，其危害之大，后果之严重，都是无法预计的。

2. 矿井供电系统要求

（1）可靠性。要求供电不间断，煤矿如果供电中断不仅会影响生产，而且有可能引发瓦斯集聚、淹井等重大事故，严重时会造成矿井的破坏。为了保证煤矿供电的可靠性，供电电源应采用双回路。在一回路电源发生故障的情况下，另一回路电源应能保证对主要生产的供电，以保证通风、排水以及生产的正常进行。

（2）安全性。由于煤矿井下特殊的工作环境，任何供电作业上的疏忽大意都可能造成触电。电气火灾和电火花会引起瓦斯、煤尘爆炸等事故，所以必须严格遵守《煤矿安全规程》的有关规定进行供电，确保供电安全。

（3）经济性。大功率是煤矿机电设备最大的特点，为了提高供电的经济性，在保证煤矿高效安全生产的基础上，应选择合适的机电设备，按照指示说明正确地操作设备，定期进行维护及使电网系统设计最优化，以免因错误的操作方法和不科学的设计方案而导致电能的浪费。

三、晃电产生原因及对矿井造成的危害

1. 晃电产生原因

根据晃电的现象及类型，产生晃电的原因主

要有以下两个方面。

（1）供电系统受外界影响产生的晃电。主要包括雷电、台风等自然因素引起的短路、电压骤变。短路情况往往发生在系统支路上的某个点，而供电系统主线路上发生短路断电的可能性则比较小。

（2）供电系统受内部原因产生的晃电。主要是由于某些电气设备老化、故障率高或某些大功率机电设备的频繁启停对系统造成不利影响，导致晃电现象的发生。

2. 晃电对矿井造成的危害

晃电对矿井造成的危害主要包括以下 5 种。

（1）由于晃电造成电压降低，运行的电机在保证相同出力的条件下，电流随之增大，容易引起电机绕组过热，隔离开关、接触器触头发热等，从而引发设备故障。

（2）在使用变频器控制的场合，当晃电故障发生时，电压陡降，导致变频器直流母线电压高于交流侧电压，此时二极管受到反向电压而不导通，交流侧不能向直流侧提供能量。变流器设计了保护功能，即当直流电压 U 下降到额定电压 U_0 的 70% 时，立即封锁变频器的触发脉冲，使电容器不再继续向电动机提供能量。如果晃电持续的时间较长，有可能使变频器电压不能得到恢复而停止工作，从而导致所控制的电动机停止运行。

（3）晃电故障发生时，会引起电压骤降，电网电压的跌落会导致一些低压闭锁或者受低压保护的设备停止工作。由于煤矿大量使用了电磁继电器，如果电网发生晃电，继电器的线圈电压会降低，此时继电器的电磁吸力就会减小或者消失，当电磁吸力小于继电器内弹簧弹力时，衔铁就会释放，继电器断电而停止工作。当电压恢复时，该继电器不一定能自动合上，其结果仍是造成生产用电的中断。

（4）当电网发生晃电故障时，电压骤降期间，电动机不但要继续给机械负载提供机械能，同时还要作为发动机向短路故障提供短路电流。电压骤降持续的时间越长，电动机向短路点输送的能量就会越大；转子转速下降越多，电动机内部旋转磁场的相位与短路前同步转速的相位间电角度差就会越大。当电压凹陷结束时，电网电压突然恢复，此时的电压电流角度差越大，产生冲击电流的可能性就越大，严重时会大幅超过电动机的起动电流，如果有多个电动机同时在系统中，共同作用的结果可能会使保护装置动作。不论电动机的机械时间常数为多少，晃电造成的电压凹陷都会给电动机带来很大的电压冲击，而这种冲击就有可能造成电动机的损坏。

（5）由于现代化矿井生产装置的规模越来越大，晃电持续时间虽然比较短，但由于电网电压恢复后电机不能自行恢复运行，会导致连续生产过程紊乱，并有可能造成生产及设备事故。对于大型装置来说，如果人工进行恢复，花费的时间就比较长；而对于一些无人值守的装置，恢复的时间就更长了。这对矿井连续生产装置来说，产生的诸如安全、环保、废品、原料、产量、效益方面等一系列损失是非常巨大的。

四、防晃电技术原理分析

依据晃电产生的原因，结合现代科学技术的发展趋势，目前主要有以下4种防晃电的技术原理。

1. 防晃电交流接触器

防晃电交流接触器主要用于电压至1140V的电力系统中接通和分断电路，用于连续性作业线因雷击、短路等供电系统发生的瞬时失压、失电保持接触器不脱扣，而操作接通、分断与常规接触器完全相同。当事故停电超过规定时间时，接触器脱扣，达到了躲过晃电、保持连续生产不停机的目的。

防晃电交流接触器是一个双线圈结构，在电源正常状态下，控制模块处于储能状态，接触器的起动与停止和常规接触器相同。当有晃电发生使电压降到接触器的维持电压以下时，控制模块开始工作，以储能释放的形式保持接触器继续吸合。当电源电压恢复后，控制模块又转入储能状态，延时范围一般为 0~3s 可调，可根据实际使用情况调整接触器的延时脱扣时间。

2. 动态电压恢复装置

动态电压恢复装置是一种电压源型电力电子补偿装置，串联于电源和敏感负荷之间，相当于一个受控电压源，能够产生任意幅值、相位和波形的电压。该装置具有很好的动态性能，当电网电压发生跌落或凸起时，能在很短的时间（几毫秒）内将故障电压恢复至正常值。配电系统正常时，装置在备用状态，对系统无任何影响。当电网电压发生故障或者系统中某个支路发生故障而影响其他支路的时候，电压补偿装置应立即（几毫秒以内）在系统中注入补偿电压，用以补偿故障下的电压差，使负荷端感受不到系统电压的任何变化，始终工作在要求的电压等级。

3. 暂态电压主动防御装置

暂态电压主动防御装置，兼具电压短时中断支撑、电压暂降调节、电压暂升调节、负荷干扰抑制等多功能电气安全主动防御装置，能够实时对晃电、电压短时中断等问题进行无缝治理，可用于变频器与接触器控制的用电设备。

4. 直流支撑系统

直流支撑系统一般由充电器、储能单元、监测单元、压差控制器和执行单元等组成。在设计上采用压差控制电路，使导通成为真正的零切换，又能有效抑制储能装置放电。一般采用冗余式高频开关电源充电模块，支持带电热插拔，维护简单、方便，同时增加了抗晃电专用监控模块和直流接触器连锁控制，在变频器发生故障时可以快速、完全地撤离直流，不会扩大故障，以免造成额外损失。

变频器内部主电路的直流带载低压限额一般为 85%，个别变频器的低压限额标称较低，可以达到 62%。但实际带载中会引起过流等保护，抗晃电系统主要是补充变频器主电源的直流电压。

五、煤矿井下供电系统防晃电设计方案

1. 设计思路

依据目前的防晃电技术原理，结合煤矿供电系统特点，要求供电系统中高压隔爆开关、低压馈电开关以及磁力起动器都必须具有防晃电功能，这样才能达到最终的防晃电目的，设计思路

具体如下：

（1）依据主动防御的防晃电原理，维持当前开关不跳闸。当上级电网晃电的瞬间，馈电开关主触头不立即分闸，实现晃电期间合闸保持；当上级电网恢复供电后，馈电开关继续向分馈电或起动器供电。

（2）依据动态恢复的防晃电原理，实现开关断电分闸再起动。当上级电网发生晃电后，对已经跳闸的开关，能够自动地再次合闸恢复供电，为下级负荷及时提供工作电源。对影响矿井安全的控制局部通风机的起动器，上级电源在短时间内恢复后，能保证立即起动。

（3）断电超时应闭锁。为避免电网长期失电再次来电时设备自起动带来的危害，要求上级电网断电时间超出规定时间后，防晃电功能失效，不再继续向下级电源供电，只有人为检查确认无误后，方可人为进行送电操作。

（4）保护功能必须完好。防晃电技术改造必须以不影响设备原有保护功能为前提，凡涉及保护的部分严禁改动，特别是过流、漏电、断相、接地等关键保护部分。

2. 设计方案

根据晃电产生的原因以及造成的危害，结合煤矿供电系统特点及矿井供电系统防晃电设计思路，对煤矿井下供电系统采用"源头治理、末端消除"的理念，分高压开关防晃电、低压馈电开关防晃电、低压电磁起动器防晃电三个部分设计井下配电系统晃电防治方案，全面防治煤矿井下供电系统晃电故障。煤矿井下供电系统如图 1 所示。

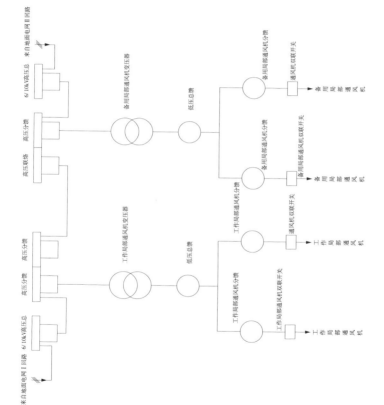

图 1 煤矿井下供电系统示意图

第二讲

矿用隔爆型高压真空配电装置防晃电设计

一、改造前高压真空配电装置工作原理

1. 概述

高压真空配电装置（以下简称高压开关）适用于煤矿及其他易爆环境下的输配电系统，为电力输配变电所、矿用电气成套设备的输配电提供可靠、安全的保障。

2. 基本机构

该装置主腔中有移动小车、主母线插件、互感器、组合式过压保护器、连接铜母排等。小车上装有高压永磁真空断路器（DL）、电压互感器（PT）。小车可沿导轨和引出导轨灵活推进、拉出主腔。利用断路器双断口作为高压隔离开关即隔离插销，右侧内壁设有使小车进出的四连杆机构。

主腔门盖内部装有智能高压电网综合保护器，同时显示真空开关运行状态和故障状态。前门面板设有合闸、复位、移位、确认、分闸按

钮，用于实现参数设定和操作。

3. 工作原理

为便于理解，以原四平同创移变用高压开关为例介绍其改造过程，其他高压开关与之类似。它主要由主回路、控制回路以及综合保护装置组成，工作原理图如图 2 所示。本节重点研究与防晃电有关的控制回路部分，它主要由开关电源、储能电容器 C1、合闸线圈 DL、分闸线圈 FQ、放电电阻 R10 以及与其相关的触点组成。交流 100V 电源经桥式整流后转换为直流，分别为欠压线圈 Q 和开关电源的输入端提供能量。而开关电源的输出端有 127VDC 和 24VDC 两种电压等级，127VDC 主要为电容器 C1 充电电源，并通过电容器 C1 向分闸线圈 FQ、合闸线圈 DL 提供能量。24VDC 为中间继电器 KM1、KM2 和 J1、J2、J3 以及延时电路提供能量。

（1）电动合闸。按合闸按钮 SB1，电流路径是：24+ —合闸按钮 SB1—J2-1—KM2-4—KM1—
直流电源 24- 形成回路，中间继电器 KM1 得电工
作。其常开触点 KM1-1 和 KM1-2 接通电容器 C1
向合闸线圈 DL 放电，断路器 DL 动作合闸完成。

（2）电动分闸。按分闸按钮 SB2，电流路径
是：24+ —分闸按钮 SB2—辅助触点 FK1—中间
继电器 KM2—JA9—直流电源 24- 形成回路，中
间继电器 KM2 得电工作。其常开触点 KM2-1 和
KM2-2 接通电容器 C1 向分闸线圈 FQ 放电，断
路器 DL 动作分闸完成。

（3）欠压分闸。图中欠压线圈 Q 主要用于维
持合闸状态，当断路器 DL 合闸后，其机构推动
微动开关触点闭合，欠压线圈 Q 形成回路得电
工作。电流路径是：电源 +（JB2）—KM2-3—
TS-1—欠压线圈 Q—JA2（电源 -），欠压线圈 Q
得电工作。维持合闸状态，一旦失电，动铁芯立
即反弹，断路器立即跳闸。

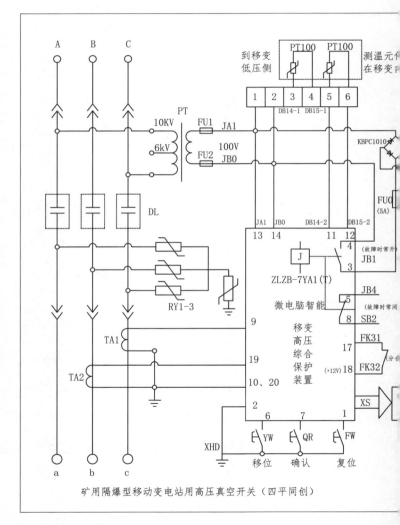

矿用隔爆型移动变电站用高压真空开关（四平同创）

图 2 改造前高压开关电气原理图

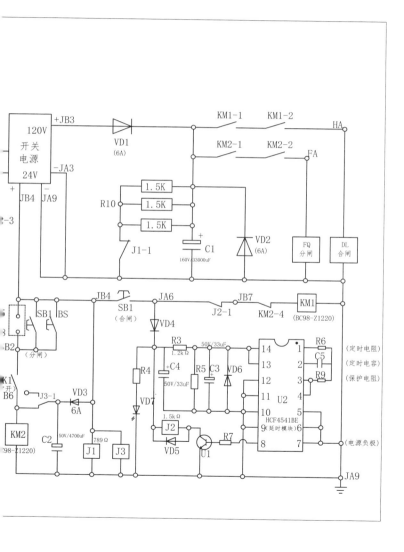

（4）保护分闸。电流路径是：24V+ —JB4—保护触点（故障时闭）—SB2—FK1—KM2—直流电源24V- 形成回路，中间继电器KM2得电工作。其常开触点KM2-1和KM2-2接通电容器向分闸线圈FQ放电，断路器DL动作分闸完成。

通过对分合闸回路进行分析，高压开关合闸时控制回路接通电容器C1对合闸线圈DL放电回路，使永磁机构动作带动真空断路器合闸。此后合闸电路切断，机构通过永久磁铁和欠压线圈Q共同作用，维持原合闸状态。当晃电发生后，由于永磁机构经历了一个复电的过程，失电后欠压线圈Q失电，不能维持永磁机构的原合闸状态，永磁断路器DL立即分闸，并不具备防晃电功能。

二、改造过程

1. 技术方案分析

根据防晃电技术原理，目前想要实现防晃电

功能，主要采用复电原理（重合闸）和维持合闸
（延时分闸）两种方案。其中维持合闸方案适用
于本高压开关。本方案可通过两种方式实现：一
是使用大容量不间断电源维持电路处于合闸状
态；二是使用电容器维持断路器合闸状态。但
使用大容量不间断电源这种方式存在投入成本
高、占地面积大、维护难度大等缺点。通过综合
分析比较，确定采用电容器维持断路器合闸，以
实现高压开关防晃电功能。

2. 实施方案

根据高压开关改造前的电气原理图，影响晃
电的因素主要是欠压、分闸和保护输出等环节，
在晃电瞬间，利用储能电容器 C1 来维持欠压线
圈 Q 和延迟分闸线圈 FQ 暂缓动作，保证晃电结
束后真空断路器仍在合闸状态，继续向下级负荷
供电，实现设计功能。具体实施方案如下：

方案一：新增两个功能不同的延时继电器和

一个自保持按钮（实现防晃电功能投退），为延时分闸创造条件。

方案二：控制回路接线调整，主要是各项功能实现并符合标准规范的要求。

（1）新增元器件选型设计

①时间继电器类型选择。根据《低压开关设备和控制设备第 5-1 部分：控制电路电器和开关元件　机电式控制电路电器》（GB/T 14048.5—2017）标准，确定选择 JSZ3F 型和 ST3P-G-A 型时间继电器，二者均具有体积小、重量轻、延时范围宽、抗干扰能力强等优点，适应于高精度的控制、高可靠性的自动化场所。其中，JSZ3F 为断电延时型时间继电器，ST3P-G-A 为瞬动延时型时间继电器。

②延时整定时间。根据设计要求，时间继电器 SJ1 断电延时整定时间应大于晃电时间，目的是保证电容器 C1 向欠压线圈 Q 放电期间中间继

电器 KM2 不能动作，同时防止防晃电期间电容器 C1 向电阻 R10 放电。晃电时间为 1s，考虑动作可靠性及时间冗余，该延时整定时间为 2.5s。

时间继电器 SJ2 瞬动延时整定时间应≥智能综合保护装置的自检时间，目的是既要保证保护功能动作的灵敏性、可靠性，又要确保晃电过程中的分闸延迟动作的必要性。

（2）增加元器件功能

①延时继电器（SJ1）。该继电器属于断电延时型，在电路中使用了 SJ1-1 和 SJ1-2 这两对触点。其中，SJ1-1 应用于电容器 C2 对中间继电器 KM2 放电回路，可以使分闸线圈 FQ 延时得电（躲过晃电时间）；延时触点 SJ1-2 应用于串联放电电阻 R10 的回路中，防止电容器 C1 提前向电阻放电，以保证分闸时有足够的能量。

②延时继电器（SJ2）。该继电器属于间隔延时型，在电路中使用了 SJ2-1 这一对触点，主要

应用于恢复供电的瞬间——保护功能自检阶段与防晃电功能冲突，也就是为了防止分闸线圈电路被保护点接通导致误分闸，这样既能保证保护功能的灵敏性，又能在晃电期间让断路器 DL 延时释放（防晃电的可靠性）。

③自保持按钮（AN1）。该按钮属于自保持型，主要应用于控制时间继电器 SJ1，实现防晃电功能的投／退切换。

（3）控制回路接线调整

①欠压线圈接线调整。将欠压线圈 Q 回路改接至开关电源输出端电路，原有分合闸电容器 C1 对欠压线圈进行放电。在正常情况下，高压开关控制电路通过控制电容器 C1 充放电实现合闸、分闸、保护跳闸。发生晃电后，电容器 C1 经由常闭触点 KM2-3、小车限位开关 STI-1 对欠压线圈 Q 放电，使欠压线圈仍能得电维持；恢复供电后，高压开关仍处于合闸状态。

②保护输出接线调整。原整流桥交流侧受保护输出控制，改接为不受保护 3、4 两脚控制，目的是防止保护装置复电自检期间断开控制电源。

③保护输出改接情况。将原保护输出 3、4 两脚串联在合闸继电器 KM1 回路中，确保保护器在系统自检阶段或故障状态仍能对合闸回路实施闭锁。

（4）改造后电路工作原理

将防晃电投/退开关置于"投"位置，上电后延时继电器 SJ1 得电动作，其瞬时闭合延时断开的常闭触点 SJ1-1 断开。发生晃电时，上级电网瞬间失压，开关电源 120V 和 24V 输出也随之消失，接在 24V 电源上的微型继电器 J1、J3 失电，由于延时断开的常闭触点 SJ1-1 串联在电容器 C2 与中间继电器 KM2 之间，电容器 C2 不会瞬时向 KM2 放电，必须经过一段时间（2.5s）后 SJ1-1 才会闭合，中间继电器 KM2 才能得电工作，相当于延时接通电容器 C1 与分闸线圈 FQ 的放电回路，故断路器 DL 将延时分闸，那么晃电期间断路器仍处于闭合状态，此间若上级电源恢复可继续向负载供电，从而实现防晃电功能，具体工作原理如图 3 所示。

①欠压线圈延时释放。当发生上级断电或晃电后，欠压线圈动作过程是：欠压线圈 Q 失压断电，永磁机构不能继续维持合闸状态，将真空断路器分闸，实现欠压保护。经过分析认为，若要实现晃电后真空断路器延迟分闸，只需要晃电期间在欠压线圈上施加一个直流电源即可维持永磁机构延迟动作。那么结合电路实际，在尽可能少增加原件、简化线路的原则下，我们尝试使用原有分合闸电容器 C1 对失压线圈进行放电的方式，来维持欠压线圈延迟动作。

②分闸回路延时动作。分闸回路由 J1、J3、KM2、C1、C2 等组成，正常情况下，开关电源

分别提供 120V 和 24V 两种电压等级的直流电源，分别为分合闸控制电路和分合闸执行电路供电。晃电发生的瞬间，分合闸控制电路中的 J1、J3 失电，J3-1 恢复闭合状态，接通电容器 C2 对中间继电器 KM2 的放电回路，促使中间继电器 KM2 动作一次，导致其串联在分合闸执行电路中的 KM2-1、KM2-2 闭合，接通电容器 C1 对分闸线圈 FQ 的放电回路，分闸线圈便会动作使永磁机构分闸。经过分析认为，在使用电容器保证失压线圈延迟动作的基础上，还要通过断电延时型继电器使分闸回路延迟动作，最终实现防晃电功能。

③延迟向电阻放电。该电路主要是为了保证分闸线圈 FQ 留有足够能量而设计的，通过延时继电器接通放电回路，从而保证电容器 C1 不会立即向电阻 R10 放电。

3. 试验验证

（1）晃电功能试验。将改造好的高压开关通

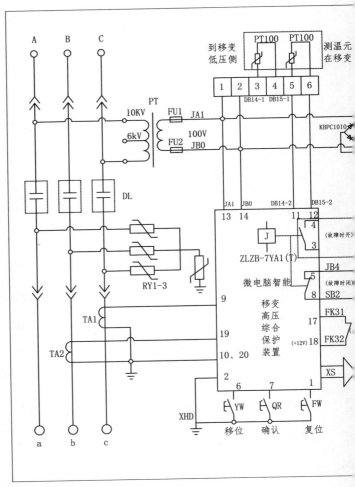

图3   改造后高压开关电气原理图

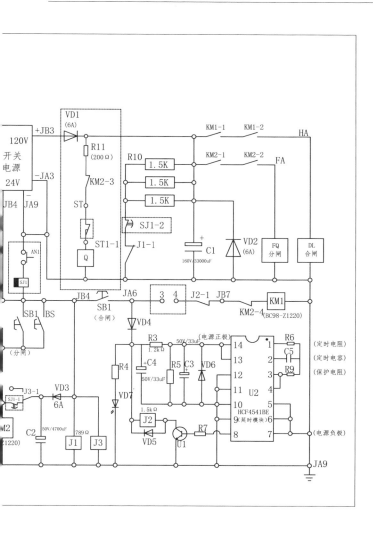

电进行测试，闭合自保持开关 AN1 投入防晃电功能，合闸后采用断电方式模拟晃电造成的电源短时中断；断电后，由于电容器 C1 对欠压线圈 Q 放电且分励线圈未得电动作，故永磁断路器延迟分闸，在 SJ-1 断电延时闭合点未闭合的 2.5s 内，晃电结束（晃电时间为 1s），电路重新得电，此时永磁断路器仍处于合闸状态，防晃电功能成功实现。

（2）长时欠压试验。若断电时间过长（超过 2.5s），时间继电器 SJ 延时 2.5s 后，由于 SJ-1 恢复闭合状态，电容器 C2 对中间继电器 KM2 放电使 KM2-1、KM2-2 闭合，KM2-3 断开，电容器 C1 开始对分励线圈 FQ 放电，永磁断路器分闸。防晃电功能对原有电路功能未产生任何影响。

（3）保护跳闸试验。对原有保护功能（短路、过载、断相、漏电）进行一次全面试验，各种保护完全正常，完全符合设计要求。

（4）功能投退试验。将增加的延时继电器投退按钮按下，恢复改造前的运行方式，各种操作及保护功能均正常。

三、应用效果

在实操培训基地及井下变电所对改造后的高压开关进行应用，在使用期间，开关防晃电功能均能可靠动作，开关整机运行正常，效果良好，实现了改造目的。

第三讲

矿用隔爆型真空馈电开关防晃电设计

一、改造前低压馈电开关工作原理

1. 概述

矿用隔爆型真空馈电开关（以下简称低压馈电开关）适用于煤矿井下和其他周围介质中含有甲烷、煤尘爆炸性气体的环境中，在频率为50Hz，额定电压为1140V、660V，额定电流为400A及以下的中性点不接地的三相电网中，作为配电总、分开关使用，也可作为大容量电动机的不频繁启动之用。它具有过压、欠压、过载、短路、漏电、三相不平衡等保护，并能对电网绝缘电阻进行监测，具有模拟漏电和短路试验功能。

目前，煤矿井下常用的低压馈电开关有山西际安的 KJZ-400（200）/1140（660）型矿用隔爆兼本质安全型真空馈电开关和山西长治的 KBZ-200（400）型矿用隔爆型真空馈电开关。现以山西际安的 KJZ-400（200）/1140（660）型矿用隔爆兼本质安全型真空馈电开关为例进行介绍，其他馈电开关的改造与之类似。

2. 基本结构

本馈电开关采用快开门结构，开关门简单、灵便、快捷：当手柄打到"闭锁"位置时，用专用工具退出联锁杆，顺时针转动手柄，门盖即可打开。门盖上有门板，门板上装有综合保护器（ZB）、电源模块（DYMK）、信号变压器（SH）、取样板（QYB），以及合闸（SB1）、分闸（SB2）、过试（GS）、漏试（LS）、上行（SZ）、下行（XZ）、确认（QR）、复位（FW）按钮。主腔内左侧装有本体，本体上有主导线、整流桥（VC1、VC2）、漏试继电器、电流互感器（DH）、零序电流互感器（LH）；主腔内右侧装有插板，插板上装有电源变压器（TC）、电抗器（SK）、阻容吸收装置（RC）、电源转换板、漏试电阻（R）、熔断器（FU），电源转换板开关单独安装在主腔内右侧。右侧下方装有手动分闸。所有元器件布置合理，便于安装、维护。

一次侧电压为 1140V、660V；二次侧输出电压为 127V、36V、50V、20V、10V。其中，127V 电源供向电源模块供电，作为保护器的工作电源，同时经桥式整流后送给断路器的合闸线圈；36V 电源供给时间继电器和中间继电器；50V 电源经桥式整流后送给欠压、分励脱扣线圈和闭锁继电器；20V 电源供给电流互感器，做过流试验；10V 电源主要用于系统电压监测。

3. 工作原理

本低压馈电开关真空断路器的操动机构为电磁操动机构，依靠电磁力提供合闸能量，也就是通过控制电路使合闸线圈（127VDC）得电促使机构动作、真空管触头闭合、断路器合闸，同时分闸弹簧压缩储能为机构分闸做准备。合闸后，由机械保持机构维持真空管触头长时间闭合（此后合闸线圈不再工作），在晃电发生后，由于开关经历了一个失电再复电的过程，失电后，馈电欠压脱扣机构中的欠压线圈（48VDC）释放，脱扣机构使机械保持机构释放，通过弹簧伸展复位产生的机械能提供分闸能量使断路器分闸，直到人为或集控合闸后才能恢复供电，不具备防晃电功能，其工作原理如图 4 所示。

二、改造过程

1. 技术方案分析

方案一：保持晃电过程中断路器不分闸。主要从如何让低压馈电开关躲过上级电源晃电的瞬间入手，有效保证电源再次上电后维持供电，以预防瞬间失电造成的停机故障。

方案二：在晃电后能自动合闸。当上级电网突然断电后，低压馈电开关由欠压保护随之分闸；但是当上级电网在短时间内恢复后，低压馈电开关能够自动合闸，快速恢复下级的负荷电源。

以上两种技术方案，经过设备实际和现场比对分析论证，选择了方案一，该方案主要有以下优点：

（1）延长使用寿命。减少主触头的动作频次，能够有效延长电气寿命和机械寿命，提高低压馈电开关的使用寿命。

（2）节约改造成本。根据现场分析研究，只需增加一个容量适当的电解电容器即可，投入成本低。

（3）线路布置简单。该技术方案仅需要将控制电源从50VAC电源改接到36VAC电源侧即可，其他改接线路不但数量少而且路径短。

（4）结构布局合理。由于采用电解电容器作为分励线圈的能量补给，电容器的直径仅为40mm，故线路布置简单、爬电距离和电气间隙均能符合有关要求，占用空间小。

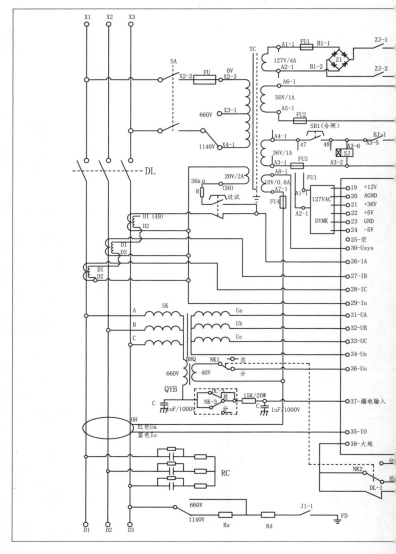

图 4　改造前低压馈电开关工作原理图

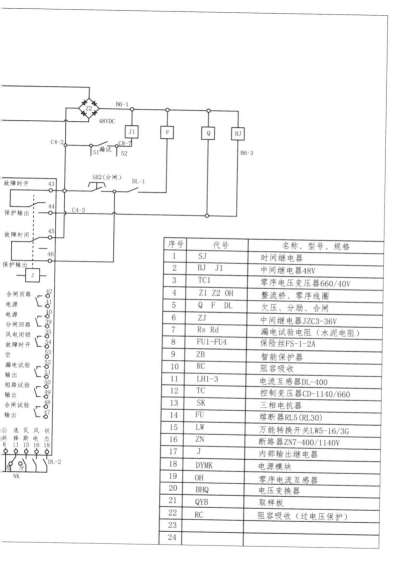

序 号	代 号	名称、型号、规格
1	SJ	时间继电器
2	BJ J1	中间继电器48V
3	TC1	零序电压变压器660/40V
4	Z1 Z2 OH	整流桥、零序线圈
5	Q F DL	欠压、分励、合闸
6	ZJ	中间继电器JZC3-36V
7	Rs Rd	漏电试验电阻（水泥电阻）
8	FU1-FU4	保险丝FS-1-2A
9	ZB	智能保护器
10	RC	阻容吸收
11	LH1-3	电流互感器DL-400
12	TC	控制变压器CD-1140/660
13	SK	三相电抗器
14	FU	熔断器RL5(RL30)
15	LW	万能转换开关LW5-16/3G
16	ZN	断路器ZN7-400/1140V
17	J	内部输出继电器
18	DYMK	电源模块
19	OH	零序电流互感器
20	BHQ	电压变换器
21	QYB	取样板
22	RC	阻容吸收（过电压保护）
23		
24		

2. 实施方案

增加储能元件。在欠压线圈的两端各增加一个适当的电容器，当电源正常供电时，对电容器进行充电存储能量，一旦电源电压突然下降或瞬间消失，电容器能够快速释放电能向欠压线圈供电，有效保证电源再次上电后维持供电，预防瞬间失电造成的停机故障，改造后工作原理如图5所示。当发生晃电时，交流电源失电，新增储能元件电容 C 投入工作，维持欠压线圈 Q 不动作，实现晃电保持功能。在改造过程中，电容器的选型是能否实现防晃电功能的关键，下面重点阐述电容器的设计选型过程。

（1）电容器选型设计

①电容类型选择。在电子设备中，铝电解电容除了用于储能，还可用于滤波电路中，帮助去除电源中的杂波和噪声，使电源输出更加稳定，因此本设计选择铝电解电容。

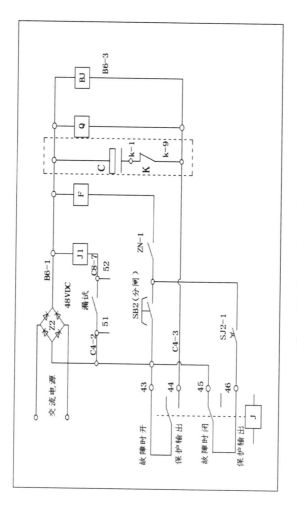

图 5 增加储能元件后工作原理图

②延时脱扣时间。根据图 5 可知，欠压线圈延时释放需要电解电容放电，维持欠压线圈 Q 不动作，继而延迟脱扣时间。根据晃电原理，晃电时间一般很短（1s 以下），取晃电时间为 1s，考虑馈电自检时间和时间冗余，设计延时脱扣时间为 2.5s。

③电容电压及线路电压选择。

a. 电路负载，也就是欠压线圈的额定电压为50VDC，则延时电路电容电压应 ≥ 50VDC。

b. 原电路电压为将 50VAC 交流电源转换为48VDC 直流，考虑加入电容的滤波作用，输出电压将达到 50 × 1.4=70V（实测 62V），超过欠压线圈额定电压；故将输入交流 50V 改为 36V，加电容滤波后，输出电压为 36 × 1.4=50.4V（实测 50.6V），满足欠压线圈额定电压为 50VDC 的要求，且比原电路输出更平滑稳定。通过实测改造后，变压器二次侧 36V 回路，合闸瞬间电流为

413mA，正常运行时输出电流为 282mA，远低于该变压器 1000mA 的出厂设计输出要求，说明此改造不会影响原电路的安全性与稳定性。

④电容耐压。参照 IEC 60384-4—2016、IEC 60384-1—2021、GB/T17702—2021 相关标准，在本设计电路中，电容的耐压值不要小于交流有效值的 1.42 倍。另外还要注意工作电压裕量的问题，一般来说要在 15％以上。综上，选 100V。让电容器的额定电压具有较多的裕量，能降低内阻、降低漏电流、降低损失角，从而延长使用寿命。

⑤浪涌电压 V_s。即短时间内可以加在电容上的最大电压，根据 IEC 60384-4—2016 定义浪涌电压如下：如果 $V_R \leqslant 315V$，$V_s=1.15V_R$，如果 $V_R > 315V$，$V_s=1.10V_R$。选 100V 远大于 V_s，满足要求。

⑥电容容量。主要考虑电容容量对放电时间和电容压降的影响，在满足设计条件的同时，电

容容量不宜过大。首先，容量增大，成本和体积可能会上升。其次，电容容量越大充电电流就越大，充电时间就会越长。这些都是实际应用选型中要考虑的。

　　a. 电容器容量选择依据。本防晃电电路的设计原理如图5所示，采用在欠压脱扣线圈 Q 两端并联电容 C 的方式实现延迟脱扣。正常时，电容 C 经由整流桥提供的直流电源充电备用；发生晃电后，低压馈电失电，电容 C 开始对欠压线圈放电，维持馈电不脱扣，维持时间为 2.5s（晃电时间 1s、馈电得电自检时间 1s、考虑冗余及电容量衰减造成的放电时间下降约 0.5s 为三者之和）。实测馈电脱扣线圈（额定电压 50V）极限维持电压为 10.6V，低于该值则脱扣跳闸。也就是说，发生晃电后，电容 C 要在大于 2.5s 的时间内保证欠压线圈两端电压不能低于 10.6V。要选取合适容量的电容以保证放电到 2.5s 时，电容电压：

$$U_C \geqslant 10.6\text{V}$$

式中，U_C 为电容两端电压，单位为 V。

b. 理论计算初选。

利用电容放电微分方程：

$$-U_C + Ri = 0$$

$$i = -C\frac{\mathrm{d}U_C}{\mathrm{d}t}$$

则

$$RC\frac{\mathrm{d}U_C}{\mathrm{d}t} + U_C = 0$$

式中，R 为放电回路的电阻，单位为 Ω；C 为电容容量，单位为 F，$1\text{F}=10^6\mu\text{F}$；$C\dfrac{\mathrm{d}U_C}{\mathrm{d}t}$ 为电容放电电流与电压的关系；$i = -C\dfrac{\mathrm{d}U_C}{\mathrm{d}t}$ 对以上微分方程求解得指数函数：

$$U_C(t) = U_0\mathrm{e}^{-\frac{t}{RC}}$$

上述公式表示初始电压为 U_0 的电容 C 通过电阻 R 放电，放到 t 时刻电容上的电压为 $U_C(t)$，式中，$e^{-\frac{t}{RC}}$ 表示以 e 为底的指数函数，根据该指数函数可知，电容放电电压随着时间变化呈指数衰减，最终衰减为零，意味着放电结束。这里引入时间常数 $\tau = RC$，则可以近似地认为经过 5τ 放电结束，τ 越小，放电越快；τ 越大，放电越慢。电容充电和放电同理。在充电时，每过一个 τ 的时间，电容器电压 U_C 就上升（$1-1/e$）V，约为 0.632 倍的电源电压 U 与电容器电压 U_C 之差，放电时则相反。

在充电阶段：

当 $t = 0$ 时，$U_C(t) = 0$；

当 $t = 1\tau = RC$ 时，$U_C = 0.632U$；

当 $t = 2\tau = 2RC$ 时，$U_C = 0.865U$；

当 $t = 3\tau = 3RC$ 时，$U_C = 0.950U$；

当 $t = 4\tau = 4RC$ 时，$U_C = 0.982U$；

当 $t = 5\,\tau = 5\,RC$ 时，$U_C = 0.993U$。

在放电阶段：

当 $t = 0$ 时，$U_C(t) = U$；

当 $t = 1\,\tau = RC$ 时，$U_C = 0.368U$；

当 $t = 2\,\tau = 2\,RC$ 时，$U_C = 0.135U$；

当 $t = 3\,\tau = 3\,RC$ 时，$U_C = 0.050U$；

当 $t = 4\,\tau = 4\,RC$ 时，$U_C = 0.018U$；

当 $t = 5\,\tau = 5\,RC$ 时，$U_C = 0.007U$。

U 为电源充电电压，单位为 V。

本电路研究的是选取合适容量的电容 C 通过负载 R 放电，放电时间要满足以下条件：

$$t = 2.5\text{s}$$

$$U_C \geqslant 10.6\text{V}$$

本电路设计应先计算出满足以上要求的电容容量。

已知条件：

设电容 C 充满，$U_C = U = 50.6\text{V}$（实测），放

电电路电阻 $R = 340\Omega$（实测）。

必要条件：当 $t = 2.5s$ 时，$U_C \geqslant 10.6V$。

那么本电路电容在放电的第一阶段，电容电压：

$$U_C = 0.368U = 0.368 \times 50.6 = 18.62V > 10.6V$$

在放电的第二阶段，电容电压：

$$U_C = 0.135U = 0.135 \times 50.6 = 6.83V < 10.6V$$

也就是说，本电路在第二放电阶段，放电时间为 2τ 时，电容电压已经不足以维持欠压线圈，为满足 $t = 2.5s$ 时电容电压 $U_C \geqslant 10.6V$，假设 2τ 时电容电压刚好为 $10.6V$，即此时

$$U_C = 10.6V$$

$$t = 2\tau = 2RC = 2 \times 340 \times C = 2.5s$$

则满足假设条件的电容容量为：

$$C = \frac{t}{2R} = 2.5 \div 680 = 0.0037F = 3700\mu F$$

根据以上计算，可分别选择 $3300\mu F$ 和 $4700\mu F$

电容进行实测验证。

c. 实测验证。

实测验证方法是将电容接入低压馈电开关防晃电电路中，利用模拟电源、微机继电保护校验仪、高精度数字万用表、数字计时器等进行实际测试，实验图表如图6、图7、表1所示。

表1 电容参数比较表

电容型号	放电致脱扣电压（10.60V）时间	防晃电所需时间	是否满足要求
3300μF / 100V	1.8s	2.5s	否
4700μF / 100V	2.7s		是

综上所述，选择4700μF/100V电容能够满足防晃电设计要求，外形如图8所示。

（2）改造后系统分析

①电容充电时间

经过对防晃电电路测试，由该电容充电曲线

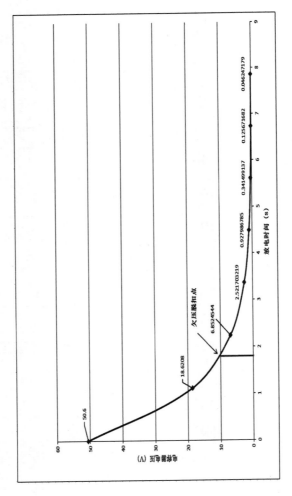

图 6　3300μF 电容器放电曲线图

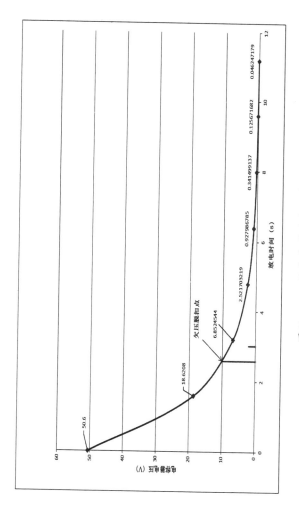

图 7 4700μF 电容器放电曲线图

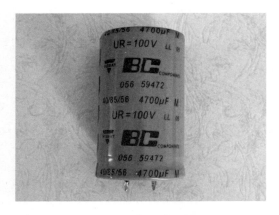

图 8   电容器外形图

图（见图9）可知，电容在0.2ms后已基本处于饱和状态，几乎是在馈电得电瞬间便完成了充电。充电时间对防晃电动作可靠性无任何影响。

②电容充放电对电路的影响

根据实际测量，本电路电容充电电流最大为2756mA，且充放电时间短，充电时间0.2ms后基本处于饱和状态。其放电电流最大为294mA，放电时间2.7s，经实测结果分析，电容充放电对电路不会造成影响。

③电容器损坏应急方案

本电路设计采用的电容为高效长寿命电容，但仍需考虑电容意外损坏或衰减失效可能对电路的影响。当电容器损坏后直流端电压降低，不能满足维持电压需求，导致停电后开关不能再次合闸运行，为了应急，故障后可以立即手动转换。在转换过程中不但要切断电容器的充电回路，同时，将36V电源通过K1-4和K1-8以及K1-5和

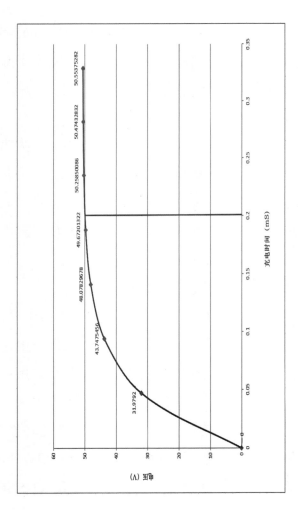

图 9　电容器充电时间曲线图

K1-7 切换到原 50V 电源上，快速恢复正常运行，从而避免了电容损坏故障对开关的影响。

④防晃电辅助电路

经过论证分析，在增加储能电容器的基础上，需在馈电 36V 电源上并联时间继电器 SJ2，在分励线圈回路中串入 SJ2-1 延时闭合接点，延时时间设置为 1.5s，目的是在自检过程中断开分闸回路，防止自检过程中开关分闸，从而保证该馈电开关防晃电功能的可靠性，设计原理如图 10 所示。

方案实施后经过运行试验，确定改造原理如图 11 所示。

3. 试验验证

（1）晃电功能试验。将改造好的低压馈电开关通电进行测试，合闸后采用断电方式模拟晃电造成的电源短时中断；断电后，由于电容器 C 对欠压线圈放电且分励线圈未得电动作，故馈电延迟分闸；晃电结束，电路重新得电，此时低压馈

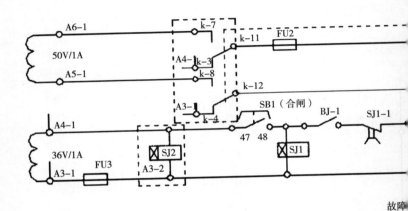

图 10　优化后的工作原理图

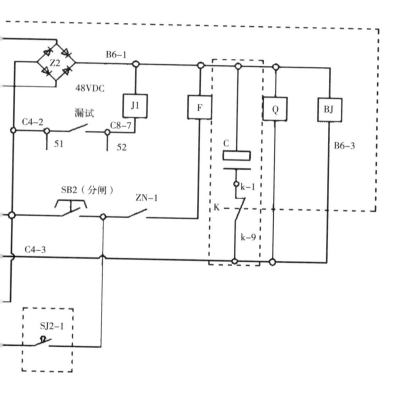

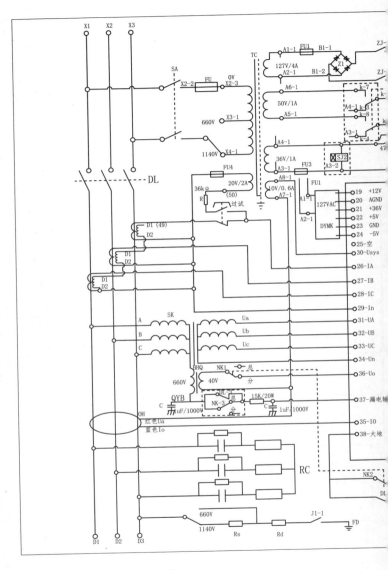

图 11 改造后的电气原理图

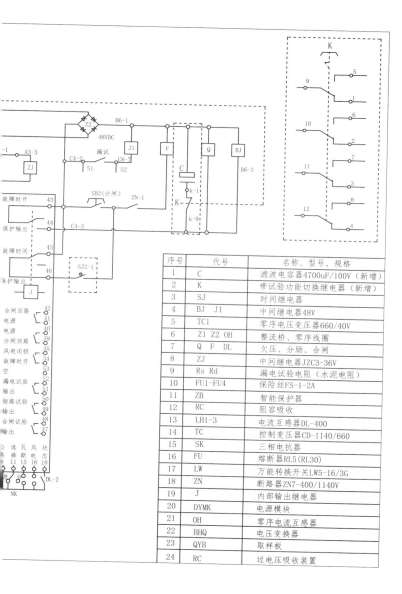

序号	代号	名称、型号、规格
1	C	滤波电容器4700uF/100V（新增）
2	K	带试验功能切换继电器（新增）
3	SJ	时间继电器
4	BJ J1	中间继电器48V
5	TC1	零序电压变压器660/40V
6	Z1 Z2 OH	整流桥、零序线圈
7	Q F DL	欠压、分励、合闸
8	ZJ	中间继电器JZC3-36V
9	Rs Rd	漏电试验电阻（水泥电阻）
10	FU1-FU4	保险丝FS-1-2A
11	ZB	智能保护器
12	RC	阻容吸收
13	LH1-3	电流互感器DL-400
14	TC	控制变压器CD-1140/660
15	SK	三相电抗器
16	FU	熔断器RL5(RL30)
17	LW	万能转换开关LW5-16/3G
18	ZN	断路器ZN7-400/1140V
19	J	内部输出继电器
20	DYMK	电源模块
21	OH	零序电流互感器
22	BHQ	电压变换器
23	QYB	取样板
24	RC	过电压吸收装置

电开关仍处于合闸状态，防晃电功能成功实现。

（2）保护跳闸试验。对原有保护功能（绝缘监视、过压、欠压、短路、过流、漏电）进行一次全面试验，各种保护完全正常，符合设计要求。

三、应用效果

本防晃电电路设计投用后，在实操培训基地对改造后的低压馈电开关进行了数月的安全运行验证，验证期间馈电防晃电功能均能可靠动作，低压馈电开关整机运行正常，说明该设计在不影响馈电原电路安全、工作和各种保护装置性能的前提下，满足设计要求。目前，改造后的低压馈电开关已在井下进行了批量使用，自使用以来，上级电源出现多次晃电，投用后的低压馈电开关均实现了防晃电功能。

第四讲

隔爆型双电源真空电磁起动器防晃电设计

　　煤矿风机用隔爆型双电源真空电磁起动器（以下简称起动器），适用于煤矿井下，在交流1140V或660V线路中，控制局部对旋风机，确保井下不间断供风，保障安全生产。由于传统起动器合闸回路采用真空交流接触器作为负载，属于电吸合电维持型，也就是通过控制电路得电吸合并维持长时间运转，那么在晃电发生后由于开关经历了一个失电再复电的过程，真空接触器会释放，造成起动器分闸，风机停转，直到人为或集控合闸后才能恢复通风。现以淮南万泰电子股份有限公司生产的煤矿风机用隔爆型双电源真空电磁起动器为例，说明其防晃电改造设计的过程，其他起动器的改造原理与之相似。

一、改造前起动器工作原理

1. 基本结构

　　起动器的隔爆壳体为长方体侧开门结构，它

是由两个相互独立且结构相同的隔爆型主风机控制箱和隔爆型备风机控制箱组合起来，并且两路电源分别对应主、备风机供电的智能风机起动器。该起动器上部是两个结构相互独立且隔爆的接线腔，设有主备风机的电源引入口，主备风机电源输出口及风电闭锁、照明电源电缆出口，箱体外侧板上分别装有按钮和隔离开关操作手柄。

2. 工作原理

合上主、备机换向手柄，主、备机智能保护器得电工作，主机、备机保护触点 BJ1、BJ2 闭合，按下主机起动按钮，SJ1、SJ2 延时闭合（延时时间 0~255s 可调），中间继电器 ZJ1、ZJ2 线圈得电吸合，常开 ZJ1-1、ZJ2-1 闭合，真空接触器 KM1、KM2 线圈得电吸合，KM1-2、KM2-2 闭合返回，主机合闸成功，主机 JK1 闭合返回备机，闭锁备机无起动信号输出。当主机无论因任何原因停止时，返回备机的 JK1 断开，备机保护器发出起动指令，备机 SJ1、SJ2 分别延时闭合，真空接触器 KM3、KM4 分别延时起动，KM3-2、KM4-2 闭合返回保护器，备机起动完成。同理，备机停止时，自动切换到主机工作。工作原理如图 12 所示。

二、改造过程

1. 技术方案分析

根据防晃电技术原理及起动器的工作原理，实现防晃电功能，可以采用晃电后继续维持开关接触器吸合与晃电后自动合闸两种方案。通过两种方案的对比分析发现，采用维持开关接触器吸合方式需要提供一个不间断的控制电源进行备用并适时投切，投资较大且难以实现，故采用晃电后自动合闸方案，对起动器进行防晃电改造。

2. 实施方案

根据起动器防晃电改造技术方案，通过新增

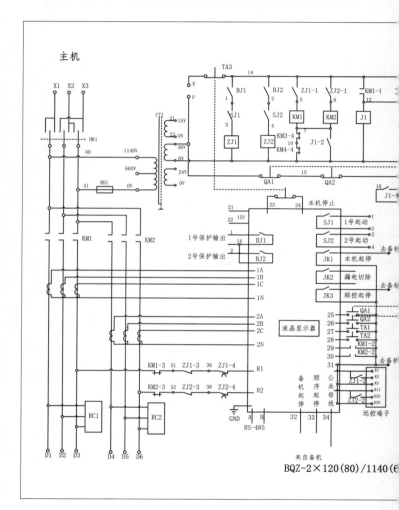

图 12　改造前起动器控制原理图

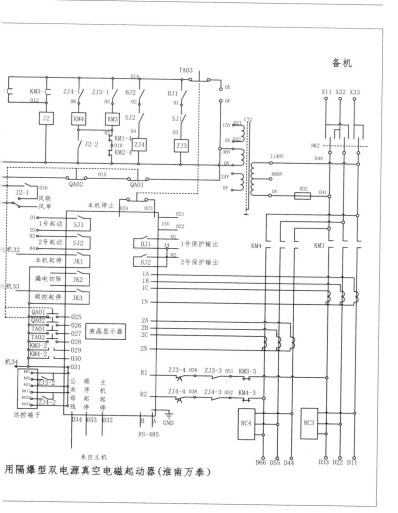

用隔爆型双电源真空电磁起动器(淮南万泰)

两个断电延时型继电器 1SJ、2SJ，并对本机启停信号控制回路进行改造来实现防晃电功能，具体方案如下。要实现晃电后自动合闸，具体接线方式是断电延时常开触点 1SJ-1 和 2SJ-1 分别与主、备机中间继电器常闭触点（ZJI-1、ZJ2-2 和 ZJ3-2、ZJ4-2）串联后，并联在主机 32、34 和备机 032、034 端子上。当上级电网因晃电突然停电后，断电延时型继电器延时断开触点 1SJ-1 或 2SJ-1 在设定时间内仍能保持闭合状态；在此期间，上级电网恢复供电，上述线路将接通主机或备机起动信号，主机或备机立即自动合闸，使即将完全停下来的风机再次恢复运行。具体方案如下。

方案一：增加两个断电延时继电器 1SJ、2SJ，为自动合闸功能实现提供前提条件。

方案二：控制回路改造，实现断电后的自动合闸功能。

（1）增加元器件选型设计

①时间继电器类型选择。根据《低压开关设备和控制设备第 5-1 部分：控制电路电器和开关元件　机电式控制电路电器》（GB/T 14048.5—2017）标准，采用集成电路和专业制造技术生产的时间继电器，具有体积小、重量轻、延时调节范围宽、抗干扰能力强等优点，适应于高精度的控制、高可靠性的自动化场所。针对本次起动器技术改造方案特点，选用 JSZ3F 型 36VAC 交流电压的断电延时型继电器作为主要控制器件。

②确定延时时间。延时时间过长，局部风机长时间停转后自动起动，可能造成局部风机"一风吹"，继而导致矿井内有害气体涌出或其他安全事故。延时时间过短，会导致起动器防晃电功能失效。根据起动器工作原理，结合晃电发生过程，延时继电器的延时时间为晃电时间、起动器自检时间及冗余时间的总和。根据相关记录，上

级电网的晃电时间为 1s，恢复供电后综合保护装置还需要 5s 的自检时间，保证晃电功能实现的冗余时间为 2s，因此延时时间整定为 8s。

（2）控制回路接线调整

①继电器电源接线。将断电延时继电器 1SJ、2SJ 分别并接在继电器 J1 和 J2 的两端。

②断电延时常开触点 1SJ-1 和 2SJ-1 分别与主、备机中间继电器常闭触点（ZJ1-1、ZJ2-2 和 ZJ3-2、ZJ4-2）串联后，并联在主机 32、34 和备机 032、034 端子上。改造后工作原理如图 13 所示。

（3）改造后电路工作原理

①自动倒台工作原理。主、备机得电自检正常保护点 BJ1、BJ2 闭合进入待机状态，按下主机合闸按钮，主机保护器 SJ1、SJ2 闭合，ZJ1、ZJ2 得电吸合，ZJ1-1、ZJ2-1 闭合，真空接触器 KM1、KM2 得电吸合，主风机开始运转。同时，

主机保护器 JK1（去备机 032、034）闭合，为备机提供主机已起动的信号，备机维持在分闸待机状态。当主机因人为或故障停机时，JK1（去备机 032、034）同时断开，为备机提供一个主机停机的信号（断开），开始向保护器送入合闸命令，备机保护器 SJ1、SJ2 闭合，ZJ3、ZJ4 得电吸合，ZJ3-1、ZJ4-1 闭合，真空接触器 KM3、KM4 得电吸合，备用风机开始运转。

②避免"一风吹"的措施。由图 13 可知，主机断电延时继电器 1SJ 受主接触器辅助常开触点 KM1-1 和 KM2-1 控制，备机 2SJ 受主接触器辅助常开触点 KM3-1 和 KM4-1 控制，只有当主机或备机接触器吸合后，断电延时继电器才能得电备用，即起动器必须首次经人为起动后才能进入工作状态，避免上级电源长时间停电后复电开关立即自动合闸，造成"一风吹"。

③防晃电功能实现原理。如图 13 所示，当

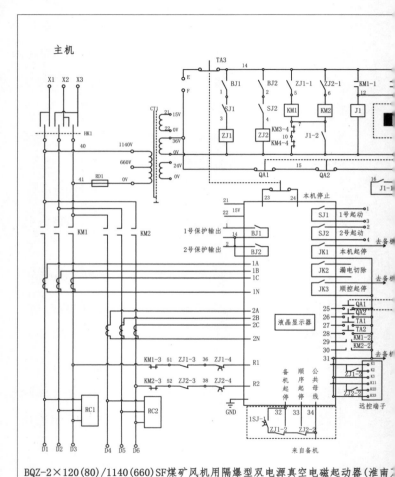

BQZ-2×120(80)/1140(660)SF煤矿风机用隔爆型双电源真空电磁起动器(淮南

图 13　起动器改造后工作原理图

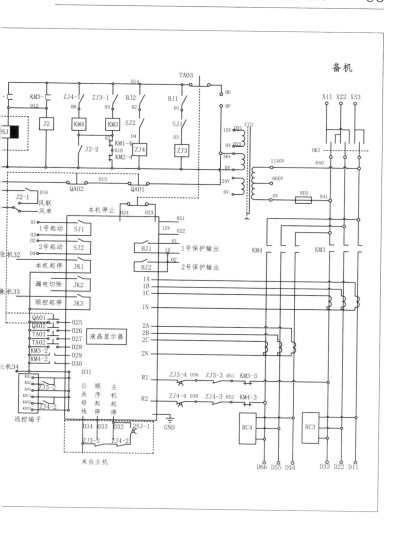

上级电网突然停电后，断电延时型继电器 1SJ 的延时触点 1SJ-1 处于闭合状态；同时因失电原因，ZJ1-1、ZJ2-1 处于闭合状态，故主机 32、34 短接。此间上级电网恢复供电，主机保护器经过自检后维持在分闸待机状态，延时触点 1SJ-1 经过延时时间后断开（32、34 点断开），保护器收到合闸信号发出起动指令，使即将停下来的风机再次恢复运行。

现以主机正在运行时为例，介绍晃电时的动作过程：主机运行，辅助触点 KM1-1、KM2-1 闭合，断电延时继电器 1SJ 得电—电网突然停电—主接触器 KM1（KM2）失电，辅助触点 KM1-1、KM2-1 断开—断电延时继电器 1SJ 失电—恢复供电，1SJ-1 触点处于延时断开状态—信号由公共端 34 脚，经触点 ZJ2-2、触点 ZJ1-2、触点 1SJ-1 输入 32 脚，向综合保护器送入信号—接触器合闸—电机运行。

3. 试验验证

（1）晃电功能试验。将改造好的起动器通电进行测试，不送备机电源，起动主机，模拟主机上级电源停电后 8s 内恢复，起动器自动合闸成功。有类似试验方法对备机试验，备机也自动合闸成功。

（2）自动倒台试验。分别对主、备机的上级电源进行合闸送电，为起动器合闸提供条件，按主机起动按钮，主机开始合闸运行；按主机停机按钮，主机停止运转，备机自动起动。按备机停机按钮，备机停止运转，主机自动起动。自动倒台功能正常。

（3）保护跳闸试验。对原有保护功能（短路、过载、断相、漏电）进行一次全面试验，各种保护完全正常，符合设计要求。

三、应用效果

起动器防晃电改造后，在实操培训基地对改造后的起动器进行了数月的安全运行验证，在验证期间起动器防晃电功能均能可靠动作，起动器整机运行正常，说明该设计在不影响原电路安全、工作和各种保护装置性能的前提下，满足设计要求。目前，改造后的起动器已在井下进行了批量使用，投用后的开关均实现了防晃电功能。

后　记

　　作为煤矿一线职工，总结提炼工作法，其实有点灵魂触电的感觉，从"念头"闪现出来之后的构思，到文档编辑、润色提升，乃至后面的定稿报送，的确是一个不大不小的系统工程，犹如一名煤矿工人成长成才历程的缩影。

　　初心耀征程，奋楫逐浪高。我们煤矿工人每天工作在数百米深的井下，走在生产的最前线，通常与电气设备打交道，时常面临一些困难和挑战，但是只要有精益求精的工匠精神，永不服输的拼搏劲头，以更加务实的态度、更有力的举措努力培育一支技能尖兵、锻造一支创新铁军，就能攻克一道道看似不可能攻克的难关，就能把一个个美好愿景变为现实。

一直以来，党和国家都非常重视人才工作，特别是党的十八大以来，人才队伍迎来了更加灿烂的时代，让技能人才工作有干头、干事有奔头，让我们也产生了天翻地覆的变化，但同时也让我们深刻体会到我国面临的新形势、新挑战。党和国家召唤着我们，企业、社会期待着我们，虽然我们干不了惊天动地的大事要事，但干得了立竿见影的小事实事，只要我们心往一处想、劲往一处使，就能够攻克一个个看似不可能攻克的艰难险阻；只要我们有咬定青山不放松的决心，就能够创造一个个令人刮目相看的人间奇迹，就能加快推进中华民族伟大复兴，早日实现第二个百年奋斗目标。

目前，我和团队所做的工作就是用创新的思维方法，探索出一些长期想解决而没有解决的难题，干成一些很多人想干而没有干成的事业，总结一些能够填补行业技术空白的创新成果，用实际行动为全面建成社会主义现代化强国而奋斗。

作为企业的技能带头人和创新领头雁，我要充分发挥个人特长和工作室集群优势，在人才培育上再上新台阶，持续加强自身能力提升，不断学习新知识、历练新技能、培育新人才，紧盯企业急需的关键岗位，开展矿井维修电工长期培训班和短期提升课；要在创新提效上再现新作为，积极培育广大职工的创新意识，提高其创新本领，特别是技能人才的创新意识，提高其发现问题的能力，提出解决问题的办法，在发挥技能人才的创新专长上下功夫；要不断完善创新制度，激发员工创新积极性、主动性，在创新活动中不断地发现人才、培育人才、凝聚人才，打造一流的人才队伍，为企业高质量发展作出应有的贡献。

2024 年 6 月

图书在版编目（CIP）数据

游弋工作法：煤矿供电系统防晃电设计与应用 / 游
弋著. -- 北京：中国工人出版社，2024.5. -- ISBN
978-7-5008-8466-8

Ⅰ. TD61

中国国家版本馆CIP数据核字第2024WT1630号

游弋工作法：煤矿供电系统防晃电设计与应用

出 版 人	董　宽	
责 任 编 辑	刘广涛	
责 任 校 对	张　彦	
责 任 印 制	栾征宇	
出 版 发 行	中国工人出版社	
地　　　址	北京市东城区鼓楼外大街45号　邮编：100120	
网　　　址	http://www.wp-china.com	
电　　　话	（010）62005043（总编室）	
	（010）62005039（印制管理中心）	
	（010）62379038（职工教育编辑室）	
发 行 热 线	（010）82029051　62383056	
经　　　销	各地书店	
印　　　刷	北京市密东印刷有限公司	
开　　　本	787毫米×1092毫米　1/32	
印　　　张	3.5	
字　　　数	40千字	
版　　　次	2024年8月第1版　2024年8月第1次印刷	
定　　　价	28.00元	

本书如有破损、缺页、装订错误，请与本社印制管理中心联系更换
版权所有　侵权必究

优秀技术工人百工百法丛书

第一辑　机械冶金建材卷

郭玉明
工作法
复吹转炉底吹的
精准维护

金国平
工作法
炼钢连铸设备
智能化的
运维与改善

李兵
工作法
汽车发动机故障
诊断与维修

李凯军
工作法
压铸模具
制造

林学斌
工作法
连铸
电气设备的
点检

刘伯鸣
工作法
带直段锥体的
锻造与成形

刘更生
工作法
京作硬木家具制作
水磨、烫蜡技艺

潘从明
工作法
萃取设备的
设计与制造

裴永斌
工作法
弹性油箱
全自动数控
加工技术

邵志村
工作法
铜精矿火法的
双闪冶炼

王树军
工作法
设备的养护
与修理

王万松
工作法
热轧带钢
板形的控制

温广勇
工作法
玻璃纤维拉丝
设备的
维修与优化

文寨军
工作法
低热硅酸盐
水泥的制备
及应用

徐成东
工作法
肉眼秒判
奥斯麦特炉渣
含铅品位

郑久强
工作法
转炉炼钢炉型的
控制与操作

优秀技术工人百工百法丛书

第二辑　海员建设卷

100 ARTISANS AND 100 TECHNIQUES SERIES

蔡连财
工作法
半潜船浮装
操作

100 ARTISANS AND 100 TECHNIQUES SERIES

常洪霞
工作法
公交安全驾驶
与服务

100 ARTISANS AND 100 TECHNIQUES SERIES

陈宇航
工作法
大型管道
装配

100 ARTISANS AND 100 TECHNIQUES SERIES

陈竹祥
工作法
汽车漆膜修补

100 ARTISANS AND 100 TECHNIQUES SERIES

程克辉
工作法
常用
焊接操作技能

100 ARTISANS AND 100 TECHNIQUES SERIES

勾常春
工作法
盾构注浆
"制一运一注"
一体化集成系统

100 ARTISANS AND 100 TECHNIQUES SERIES

李燕肇
工作法
古建彩画
颜料调制
及彩画工艺流程

100 ARTISANS AND 100 TECHNIQUES SERIES

廖明
工作法
地铁司机应急处置
技能培训

100 ARTISANS AND 100 TECHNIQUES SERIES

魏钧
工作法
焊接十步
操作法

100 ARTISANS AND 100 TECHNIQUES SERIES

吴喜军
工作法
桥梁伸缩缝
微创技术

100 ARTISANS AND 100 TECHNIQUES SERIES

翟筛红
工作法
古建筑
冰纹窗制作

100 ARTISANS AND 100 TECHNIQUES SERIES

竺士杰
工作法
远控集装箱
岸桥操作法